Sitzungsberichte
der Akademie der Wissenschaften
der DDR
Mathematik – Naturwissenschaften – Technik

10 N

1976

Edelhard Töpfer

# Probleme und neuere Ergebnisse der Gewinnung einheimischer mineralischer Rohstoffe

AKADEMIE-VERLAG · BERLIN

Sitzungsberichte
der Akademie der Wissenschaften
der DDR
Mathematik — Naturwissenschaften — Technik

Jahrgang 1976 · Nr. 10/N

Edelhard Töpfer

# Probleme und neuere Ergebnisse der Gewinnung einheimischer mineralischer Rohstoffe

AKADEMIE-VERLAG · BERLIN
1976

Vortrag von Prof. Dr. Edelhard Töpfer,
Forschungsinstitut für Aufbereitung der AdW der DDR,
in der wissenschaftlichen Sitzung
des Plenums der AdW der DDR
am 11. März 1976

Herausgegeben im Auftrage
des Präsidenten der Akademie
der Wissenschaften der DDR
von Vizepräsident Prof. Dr. Heinrich Scheel

Erschienen im Akademie-Verlag, 108 Berlin, Leipziger Str. 3/4

Lizenznummer: 202 · 100/179/76
Gesamtherstellung: VEB Druckhaus Köthen
Bestellnummer: 753 202 0 (2010/76/10/N) · LSV 3105
Printed in GDR
DDR 3,– M

Der VIII. Parteitag der SED hatte erklärt: „Die Verwirklichung der Ziele des Fünfjahrplanes erfordert, die energetische Basis stärker zu entwickeln und die Produktion von Rohstoffen und Materialien besonders durch die chemische Industrie, die Metallurgie, die Glas- und keramische Industrie und die Baumaterialindustrie zu erhöhen. Vor allem ist die Ausnutzung einheimischer Rohstoffe besonders zu unterstützen.“ Diese Richtlinie ging von der Erkenntnis aus, und das trifft auch heute noch in vollem Umfang zu, daß die stabile, langfristig gesicherte Versorgung der Volkswirtschaft mit Rohstoffen ein wesentlicher Faktor für das Wachstumstempo der Volkswirtschaft und die effektive Gestaltung des volkswirtschaftlichen Reproduktionsprozesses ist.

Entgegen tendenziösen Behauptungen von Wirtschaftsexperten hochentwickelter kapitalistischer Industriestaaten gehen wir davon aus, daß im Weltmaßstab in absehbarer Zeit nicht die verfügbare Rohstoffmenge das Wirtschaftswachstum begrenzt, sondern dieses in erster Linie abhängig ist vom Stand der Produktivkräfte insgesamt und von den Produktionsverhältnissen. Noch auf Jahrhunderte hinaus wird es genügend Rohstoffe geben. Man muß doch berücksichtigen, daß der größere Teil des Festlandes, ganz zu schweigen von den Weltmeeren, weder geologisch vollständig erkundet noch industriell erschlossen ist. Im selben Maße, wie das geschieht, erhöht sich das der Menschheit zugängliche Rohstoffpotential. Wenn man die Entwicklung verfolgt, stellt man fest, daß die bekannten Weltrohstoffvorräte niemals kleiner, sondern immer größer geworden sind, größer geworden im selben Umfang, wie sich die industrielle Entwicklung ausgebreitet hat, und vor allem in dem Maße, wie Wissenschaft und Technik neue oder effektivere Möglichkeiten der Rohstoffgewinnung eröffneten. Wenn in Jahrhunderten wirklich einmal dieser oder jener natürliche Rohstoff zu Ende gehen wird, so wird ein neuer an seine Stelle treten, denn, wenn auch bestimmte Reservoire unserer Erde in extrem ferner Zukunft begrenzt sein können, so ist doch Herrn Keil und Herrn Lohs beizupflichten, die in einer Arbeit schrieben: „Unerschöpflich ist der Erfindergeist des Menschen, um die Reserven optimal zu nutzen, sie zu wandeln und sie damit auch späteren Generationen als Existenzgrundlage zu erhalten.“

Unbestritten ist, daß die Geschwindigkeit der industriellen Entwicklung zum gegebenen Zeitpunkt und in einem begrenzten Territorium von der Rohstoffbereitstellung abhängig ist. Wir haben zu verzeichnen, daß die Aufwendungen für die Erschließung neuer Lagerstätten in der Regel größer werden, neue Rohstoffe in ihrer Zusammensetzung oft komplizierter sind und damit aufwendigere Technologien erfordern und schließlich der internationale Rohstoffmarkt, wie kein anderer, sehr stark politischen Einflüssen unterliegt [1, 2]. In all dem sehen wir aber keinen unlösbaren Widerspruch, sondern eine Aufgabenstellung für die Planung und Leitung der Volkswirtschaft und die Gestaltung der internationalen Beziehungen ebenso wie für die Wissenschaftsentwicklung. Man kann wohl sagen, daß wir in der DDR die Lösung dieser Aufgabe in Angriff genommen haben.

Der insgesamt wachsende Bedarf der Volkswirtschaft an Rohstoffen und die damit im Zusammenhang stehenden Probleme ihrer Bereitstellung erfordern eine allseitig begründete Rohstoffpolitik. Die langfristige Versorgung der Volkswirtschaft wird durch verschiedene Maßnahmen erreicht. An erster Stelle steht die Verbesserung der Materialökonomie, die entscheidende Senkung der Materialintensität. Es muß gesichert werden, daß der Rohstoffverbrauch langsamer steigt als die Industrieproduktion. Im Entwurf der Direktive zum Fünfjahrplan 1976—1980 ist dem Rechnung getragen. An zweiter Stelle ist die optimale Nutzung der einheimischen Ressourcen einzuordnen; sie bilden die sicherste Grundlage für die Versorgung der Wirtschaft. Es sind weiter zu nennen die Investitionsbeteiligung in den sozialistischen Bruderländern und die Rohstoffimporte in den Fällen, wo wir nicht über eigene nutzbare Lagerstätten verfügen. Die Realisierung der genannten Maßnahmen wirkt sich in unterschiedlichem Maße auf die verschiedenen Zweige der Volkswirtschaft aus. Eine allseitige fundierte, gesamtvolkswirtschaftliche Begründung als Grundlage zur Entscheidungsfindung bzw. zur Auslösung bestimmter Aktivitäten kann daher in der Regel nicht von einer Wirtschaftseinheit vorgenommen werden, selbst wenn diese die Größe eines Ministeriums hat. Hinzu kommt, daß die Fonds- und Investitionsaufwendungen für die Erkundung, Gewinnung und Verwertung der Rohstoffe besonders hoch sind und folglich den volkswirtschaftlichen Reproduktionsprozeß in seiner Gesamtheit sehr stark belasten. Es gilt also, eine Rohstoffpolitik und Rohstoffökonomie aus gesamtvolkswirtschaftlicher Sicht zu planen und zu realisieren. Dabei müssen wir auch, insbesondere im Hinblick auf die verstärkte Nutzung der einheimischen Rohstoffe, Antwort auf die Frage finden, welcher gesellschaftliche Aufwand für die Bereitstellung der jeweiligen konkreten Rohstoffe im gesamtvolkswirtschaftlichen Interesse zulässig ist. Man kann letzteres nicht einfach auf unsere gegenwärtigen Industrieabgabepreise reduzieren, damit würde man der weiteren Entwicklung keinen guten Dienst leisten. Man kann aber schon ganz und gar nicht die Preise des kapitalistischen Weltmarktes als Basis nehmen. Wie unsolide diese Bezugsbasis ist, zeigt wohl augenfällig die Preisentwicklung gerade auf dem Rohstoffsektor in den letzten Jahren. Abb. 1 zeigt das für einige Metalle an Hand der Preisnotierungen der Londoner Metallbörse (Preise in DM/t) nach Metallinformation Mansfeld [3] (Umrechnungskurs 1 £ = 6,03 DM (1974) bzw. 5,30 DM (Nov. 1975).

| Metall | 1973 | 1974 | Nov. 1975 |
|---|---|---|---|
| Aluminium | 1755 | 2440 | 1695 |
| Blei | 1145 | 1525 | 871 |
| Kupfer | 4735 | 5300 | 3050 |
| Zink | 2210 | 3190 | 1820 |
| Zinn | 12885 | 20945 | 16185 |

Abb. 1 Entwicklung von Metallpreisen

Diese Zahlen sprechen für sich. Der starke Preisabfall im vergangenen Jahr zeigt, wie unberechtigt die Hysterie der bürgerlichen Massenmedien hinsichtlich der Preisexplosion auf dem Rohstoffmarkt und die daraus abgeleitete Weltuntergangsstimmung ist und in welch starkem Maße andererseits die internationalen Monopole den Rohstoffmarkt manipulieren. Wir tun also gut daran, nach den bewährten Prinzipien unserer sozialistischen Planwirtschaft und abgestimmt mit unseren Bruderländern innerhalb des RGW, so wie es erneut im Entwurf der Direktive zum Fünfjahrplan 1976–1980 zum Ausdruck kommt, eine eigenständige Rohstoffpolitik und -ökonomie auch fernerhin zu entwickeln. Grundlage dafür sind natürlich in erster Linie die einheimischen Rohstoffe. Es ist wohl legitim, die Frage zu stellen, ob bereits heute, an der Nahtstelle zweier Fünfjahrpläne, Fortschritte bei ihrer verstärkten Nutzung erkennbar sind.

Bei der Beantwortung dieser Frage muß man berücksichtigen: Die Rohstoffnutzung stellt wie kein anderer Produktionszweig einen langen, vielfach verflochtenen Strang kompliziertester Einzelprozesse dar, deren Wechselwirkung und Beherrschung uns immer wieder vor große Probleme stellt und kontinuierliche Arbeit auf vielen Gebieten erfordert. Es ist ein langer Weg von der geologischen Forschung über die Suche und Erkundung, fortgesetzt mit der Entwicklung der Bergbau- und Aufbereitungsverfahren, weiterführend mit der Ausarbeitung und Realisierung der chemischen bzw. metallurgischen Verfahrenstechnik bis hin zu den Fragen der Applikation. Und es ist kein Weg, den man nur in einer Richtung gehen könnte, immer wieder sind Rückkopplungen unumgänglich. Und es ist schließlich ein aufwendiger Weg. Die Fonds- und Investitionsintensität für die Erkundung, Gewinnung und Verwertung der Rohstoffe liegt um das Zwei- bis Dreifache und in einzelnen Fällen noch mehr über dem Durchschnitt der gesamten Industrie. Außerdem ist die Rohstoffgewinnung und -verwertung mit sehr hohen spezifischen Energie- und Transportaufwendungen verbunden, die ebenfalls äußerst fonds- und investitionsintensiv sind. So stellt die verstärkte Nutzung unserer Rohstoffe eine erhebliche Belastung für den volkswirtschaftlichen Reproduktionsprozeß dar. Die Aufwendungen für einzelne Vorhaben betragen mehrere Milliarden Mark. Deshalb ist es wohl erklärlich, wenn wir nicht in wenigen Jahren einen sprunghaften Produktionszuwachs an einheimischen Rohstoffen aus neuen Lagerstätten erwarten können.

Berücksichtigt man diese komplizierte Situation, so ist es doch beachtlich, was in den letzten Jahren an Mehrproduktion auf dem Rohstoffsektor hinzugekommen ist und was für kommende Zeiten vorbereitet wurde. So hat sich z. B. die gewonnene Quarzsandmenge für die Glas- und keramische Industrie, dort einer der Hauptrohstoffe, im Zeitraum von 1970 bis 1975 verdoppelt, und wir können annehmen, daß bis etwa 1990 nochmals eine Verdopplung eintritt. Kaolin, der wichtigste Rohstoff für die Keramik, wurden 1970 280 Tt gewonnen, die Menge stieg an bis 1975 auf 340 Tt. Es ist damit zu rechnen, daß etwa 1980 die 500 Tt-Grenze erreicht wird. Die Zinnerzeugung aus eigenen Erzen ist von 1970 bis 1975 um 14% angewachsen. Spätestens 1990 dürfte der gesamte Bedarf unserer Volkswirtschaft aus eigenen Erzen gedeckt werden. Eine beachtliche Aufwärtsentwicklung ist auch bei den Baustoffen zu verzeichnen. So haben wir 1970 rd. 8 Millionen Tonnen Zement produziert, 1975 waren es etwa 11 Millionen Tonnen. Diese Menge dürfte sich bis 1990 noch verdoppeln. Etwa im gleichen Verhältnis ist die Produktion an Betonkiessand angewachsen, und auch dort wird es so weitergehen.

Dieser Zuwachs ist nicht einfach ein quantitativer Prozeß, nicht ein bloßes Hinzufügen gleicher Produktionssysteme an bereits vorhandene. Wenn im Entwurf der Direktive zum neuen Fünfjahrplan die Intensivierung als Hauptweg für die weitere Entwicklung unserer Volkswirtschaft gekennzeichnet und der wissenschaftlich-technische Fortschritt als ihr Hauptfaktor herausgestellt wird, so findet das hier bereits seinen Ausdruck. Diese Grundsätze der Wirtschaftspolitik bestimmen den Produktionsanstieg im Zeitraum 1971—1975, sie werden auch Grundlage für unsere weitere Arbeit auf dem Rohstoffsektor sein.

Die Steigerung der Produktion einheimischer Rohstoffe ist begleitet von der Intensivierung der Forschung zu ihrer verstärkten Nutzung. Anteil daran haben sowohl die Forschungseinrichtungen der Industrie als auch die Universitäten und Hochschulen und in beachtlichem Maße die Akademie der Wissenschaften. Grundlage der gemeinsamen Arbeit ist neben den staatlichen Plandokumenten und den Konzeptionen der zuständigen Ministerien und der Staatlichen Plankommission vor allem die vom Politbüro unserer Partei und vom Ministerrat 1974 bestätigte „Konzeption zur langfristigen Entwicklung der naturwissenschaftlichen und mathematischen Grundlagenforschung sowie der Grundlagenforschung ausgewählter technischer Richtungen im Bereich der Akademie der Wissenschaften und des Ministeriums für Hoch- und Fachschulwesen bis 1990“ sowie die im Auftrag des Präsidenten unserer Akademie erarbeitete spezielle Konzeption der Grundlagenforschung zur Erkundung, Erschließung und Nutzung einheimischer fester mineralischer Rohstoffe in der DDR. An der Ausarbeitung dieser Dokumente hatten viele Akademiemitglieder Anteil. In diesem Zusammenhang ist auch ausdrücklich die Arbeit des wissenschaftlichen Rates für die Grundlagenforschung auf dem Rohstoffgebiet beim Präsidenten der AdW hervorzuheben. Wir haben mit der Konzeption eine fundierte Direktive für die Gestaltung unserer weiteren Arbeit erhalten. Besonders wertvoll ist an der Rohstoffkonzeption, daß sie so überaus deutlich macht, daß die Rohstofforschung sowohl disziplinär wie interdisziplinär entwickelt werden muß, wenn sie erfolgreich sein soll. Wesentliche Fortschritte sind nur durch das Zusammenwirken mehrerer verschiedener Disziplinen zu erreichen, aber jede Disziplin muß sich selbst weiter entwickeln, um ihren Beitrag leisten zu können. Dies wird ganz besonders dann offensichtlich, wenn man die gesamte technologische Kette vom bergmännischen Abbau des Rohstoffes bis hin zur Erzeugung der Werkstoffe überblickt bzw. wenn es in anderen Fällen um die theoretische Fundierung bestimmter technischer Prozesse geht.

Die disziplin- und prozeßorientierte Grundlagenforschung schafft den notwendigen wissenschaftlichen Vorlauf für die Verfahrens-, Apparate- und Anlagenentwicklung. Das beginnt in der Regel mit geologischen Forschungs- und Sucharbeiten. Das Territorium der DDR weist einen vergleichsweise hohen Aufschluß- und Kenntnisstand seiner geologischen Bildung und auch seines Rohstoffpotentials auf, insbesondere in den oberflächennahen Bereichen sowie hinsichtlich klassischer Lagerstätten von Braunkohle, Kalisalzen, Zinnerzen, Kalken, Kaolin, Ton, Quarzsand u. a. Prinzipiell neue Ergebnisse in der geologischen Erforschung unseres Territoriums wurden während der vergangenen Jahre im Zusammenhang mit der Erkundung von Erdöl und Erdgas sowie bei der metallogenetischen Analyse geologischer Einheiten und Systeme erreicht. In der genannten Rohstoffkonzeption wird aber festgestellt, daß, gemessen an den steigenden Anforderungen der Volkswirtschaft für die Bereitstellung von mineralischen Rohstoffen, die Kenntnisse über die Grundfragen des geologischen Baues und seiner Entwicklung sowie über die Gesetzmäßigkeiten der Lagerstättenbildung und -verteilung einschließlich des Grades der Anwendung neuer geologisch-geochemisch-geophysikalischer Erkundungsmethoden noch nicht ausreichend sind. Das Territorium der DDR ist, verglichen im internationalen Maßstab, infolge mehrfacher tektonischer Überprägungen und den damit verbundenen Struktur- und Stoffveränderungen geologisch kompliziert gebaut. Die geologischen Verhältnisse der lagerstättenperspektiven Räume und Einheiten sind aus diesem Grunde meist nur begrenzt extrapolierbar. Die Gesetzmäßigkeiten der Rohstoffakkumulation und -migration als Folge des Wechsels und der Entwicklung des tektonisch-magmatischen Krustenregimes sind noch nicht voll erkannt; für die tieferen Krustenabschnitte sind sie weitgehend noch unklar. Der spezifische Such- und Erkundungsaufwand für verdeckte Lagerstätten im Grundgebirge und tieferen Tafelgebirge liegt daher im Vergleich zu vielen anderen Ländern höher.

Unsere Akademie leistete in den letzten Jahren einen Beitrag mit strukturgeologischen und geophysikalischen Untersuchungen, die rohstoffbezogene Spezialforschungen für die metallogenetische Einschätzung des Südteils der DDR beinhalteten. Speziell waren es lithologische und strukturelle rohstoffbezogene Spezialuntersuchungen im Präkambrium von Thüringen und des Erzgebirges als Teil industrieller Projekte des Zentralen Geologischen Instituts sowie für die Kaliindustrie des Werraer Reviers.

Nicht weniger problematisch als die geologische Erkundung ist die bergmännische Gewinnung der Rohstoffe. Sie stellt insbesondere bei größeren Teufen eine der aufwendigsten Stufen der Rohstoffnutzung dar. Es ist deshalb notwendig, auch weiterhin zu überprüfen, inwieweit die heutigen Gewinnungsverfahren für feste mineralische Rohstoffe und ihre Förderung hinsichtlich

Technik, Ökonomie und Arbeitsbedingungen verbesserungsfähig sind. Vor allem im Hinblick auf den Abbau ausgedehnter geringmächtiger Lagerstätten in großen Teufen sind grundsätzlich neue Lösungen gefragt, die eine effektive automatisierte Gewinnung solcher Rohstoffe und ihre Förderung über Tage ermöglichen, ohne daß Menschen unmittelbar vor Ort wirksam werden müssen.

In der Tagebautechnik und Technologie für weiche und mittelharte Materialien repräsentiert die DDR auch im internationalen Maßstab gesehen einen beachtlichen Stand. Angesichts der Bedeutung dieser Verfahren und Anlagen, insbesondere für die Energieerzeugung und die Baumaterialienindustrie, gilt es aber auch weiterhin, diese Entwicklung zu fördern. Dabei sollte berücksichtigt werden, daß eine komplexe Nutzung von Lagerstätten mit mehreren Komponenten, z. B. auch wertvolle Minerale aus den Deckgebirgen der Braunkohlentagebaue, gegebenenfalls erhebliche Veränderungen der bisherigen Gewinnungsmethoden erfordert. Auch hinsichtlich der Beeinträchtigung der Umweltbedingungen durch große Tagebaubetriebe und die Rekultivierung der Landwirtschaft sind noch manche Fragen offen.

Viele offene Probleme stehen genauso vor dem Aufbereiter. So sind Aufgaben der Grundlagenforschung zu Aufbereitungsprozessen, die die theoretische Durchdringung der Vorgänge und Wechselwirkungen in dispersen Systemen zum Ziel haben, von größter Bedeutung, weil von vertieften Kenntnissen die sichere Beherrschung der Prozesse abhängig ist. Hierbei ist der Physiker, der Chemiker und der Mathematiker ebenso gefragt wie der Verfahrenstechniker. Als ein Beispiel einer solchen Grundlagenforschung seien Untersuchungen zu Mikroprozessen der Flotation genannt.

Die Flotation ist dort, wo es um die Trennung eines Rohstoffes in seine verschiedenartigen Komponenten als Voraussetzung für deren Gewinnung geht, unter dem Aspekt der einheimischen Rohstoffe wohl der wichtigste mechanische Aufbereitungsprozeß. Er ist aber sicher auch der diffizilste Prozeß, indem es sich um eine Trennung auf Grund der Modifizierung von Grenzflächeneigenschaften handelt, die über das Anhaften hydrophobierter Feststoffteilchen an Luftblasen in einer Dispersion des Feststoffes in Wasser realisiert wird. Welch hohe Anforderungen an die Selektivität des Prozesses gestellt werden, zeigt sich z. B. bei der Flotation unserer armen Zinnerze mit nur 0,2 bis 0,3% Zinngehalt, wo sich also unter 1000 Körnern nur 1 Zinnsteinkorn befindet, das erfaßt werden muß. Die Grenzflächeneigenschaften dieses einen Kornes unterscheiden sich nur wenig von denen der anderen, und diese Körner sind schließlich noch nicht einmal 0,1 mm groß. Angesichts der Schwierigkeit dieser Aufgabe ist es wohl verständlich, wenn weltweit der theoretischen Fundierung dieses Prozesses mehr und mehr Bedeutung beigemessen wird.

Bereits Mitte der sechziger Jahre postulierten wir in einem Vortrag auf dem 7. Internationalen Mineralaufbereitungskongreß in New York [4], daß die Stabilität des Restwasserfilms und die Geschwindigkeit seines Zurückweichens nach dem Zusammenstoß von Partikel und Luftblase die entscheidenden Kriterien für das Anhaften von Körnern an Blasen, dem wohl wichtigsten Mikroprozeß der Flotation, sind. Die anschließenden weiteren Arbeiten eines Kollektivs unseres Instituts [5] zeigten, daß grundsätzlich zwei Möglichkeiten gegeben sind, um den dünnen Restwasserfilm zu labilisieren und damit das Anhaften des Teilchens an der Gasblase zu induzieren: Entweder werden weitreichende elektrostatische Anziehungskräfte zwischen den Phasengrenzen wirksam, oder es müssen Dispersionswechselwirkungskräfte auftreten. Im System Quarz-wäßrige Aminhydrochloridlösung treten beispielsweise weitreichende elektrostatische Anziehungskräfte auf, wenn Aminkationen an der Quarzoberfläche und an der Flüssig/gas-Grenzfläche adsorbiert werden. Diese führen zum Zerreißen des Films schon bei Dicken zwischen 1000 und 1500 Å. Aus Abb. 2, obere Kurve, ist das ersichtlich.

Entscheidend für die Labilisierung des Wasserfilms im Flotationsprozeß sind aber in der Regel nicht die elektrostatischen Wechselwirkungskräfte, sondern nach unseren bisherigen Anschauungen die Dispersionswechselwirkungskräfte.

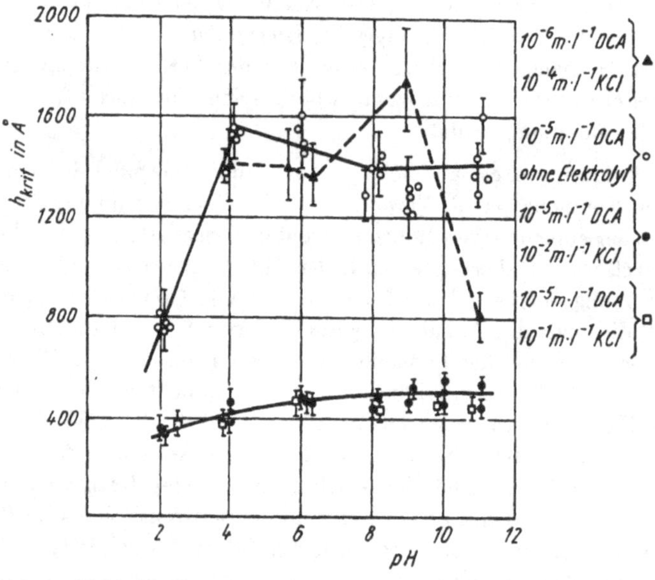


Abb. 2 Kritische Filmdicken bei verschiedenen pH-Werten, Ionenstärken (KCl) und Dodecylamin-Konzentrationen

Dafür gilt die untere Kurve in Abb. 2. Diese Kräfte treten jedoch erst dann merkbar in Erscheinung, wenn die Elektrolytkonzentration so stark erhöht ist, daß die elektrostatischen Wechselwirkungskräfte unterdrückt sind. Bei der Flotation ist das in der Regel so. Die kritische Zerreißdicke des Films erniedrigt sich dabei auf Werte zwischen 150 und 400 Å.

Weitere Erkenntnisse über den Mechanismus des Flotationsprozesses aus den theoretischen und experimentellen Untersuchungen über die Kräfte an Teilchen in der fluiden Phasengrenze haben SCHULZE, GOTTSCHALK und ESPIG im letzten Jahr gewonnen [6]. Die Energie für das Abreißen des an der Blase haftenden Teilchens stammt in Rührwerksflotationsmaschinen aus dem Turbulenzfeld. Wie die Untersuchungen zeigten, ist bei Randwinkeln $<60°$, und damit haben wir es im praktischen Prozeß in der Regel zu tun, im wesentlichen die Zugfestigkeit des Bläschen-Teilchenaggregates entscheidend dafür, ob das Teilchen haften bleibt oder wieder abreißt. Zugbeanspruchungen entstehen im Mikroturbulenzfeld infolge Relativbewegungen der Teilchen gegenüber den umgebenden Turbulenzballen des Fluids. Im Grenzfall tritt die eigene Aufstiegsgeschwindigkeit der Blase, die etwa bei 20 cm/s liegt, in Erscheinung. Die daraus resultierende maximal flotierbare Teilchengröße ist etwa 4- bis 20mal kleiner als die theoretisch maximal flotierbare Teilchengröße im Gravitationsfeld. Diese Berechnungen gestatten es erstmalig, die theoretische obere Korngrenze der Flotierbarkeit $R_{max,g}$ exakt und die praktisch mögliche obere Grenze der Flotierbarkeit im Turbulenzfeld $R_{max,t}$ mit guter Genauigkeit anzugeben. In Abb. 3 ist das noch einmal dargestellt. Die berechneten Werte stimmen gut mit experimentellen Daten überein, die wir bei der Flotation einzelner Kugeln einmal ohne turbulente Beanspruchung und zum anderen bei der Flotation unter turbulenten Bedingungen erhalten haben.

Die technisch bedeutsame Schlußfolgerung aus diesen Ergebnissen der Grundlagenforschung ist: Die für übliche Rührwerksflotationsapparate zulässige obere Korngröße ist etwa eine Größenordnung niedriger als die theoretisch mögliche Grenzkorngröße. Die Flotation wesentlich gröberer Körner wäre realisierbar, wenn der Koaleszenzvorgang andersartig gestaltet wird. Wir werden dementsprechende neue Apparateprinzipien erproben und versuchen, auf diesem Wege die Aufbereitung bestimmter Rohstoffe effektiver zu gestalten.

Nicht weniger wichtig und nicht weniger problematisch als die Aufbereitung sind die nachfolgenden Prozesse der chemischen bzw. metallurgischen Verarbeitung. Von grundsätzlichem Interesse sind angesichts der wachsenden Bedeutung silikatischer Werkstoffe Grundlagenuntersuchungen zur Silikatchemie und — im Hinblick auf die Gewinnung von Metallen — die Koordinationschemie der Metalle und Probleme der selektiven und kollektiven Extraktion von Metallen aus einheimischen Erzen durch hydrometallurgische und andere

Verfahren bei gleichzeitiger Verarbeitung der Rückstände zu silikatischen Werkstoffen. Es sind weiter grundlegende Untersuchungen über die Reaktionskinetik in Mehrphasensystemen erforderlich.

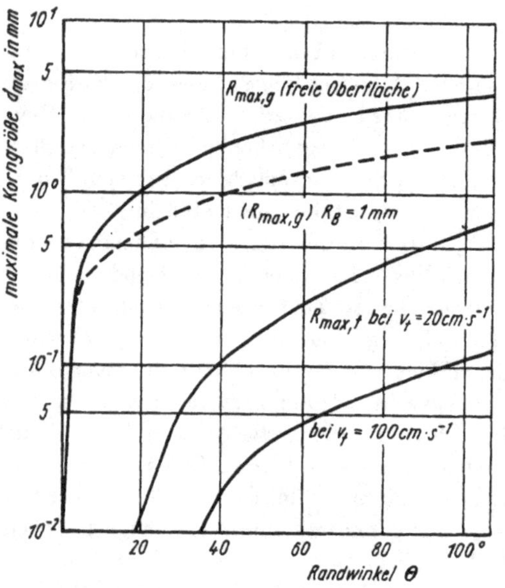


Abb. 3 Obere flotierbare Korngröße im Gravitationsfeld und im Turbulenzfeld

Auf diesen fundamentalen Arbeiten baut die angewandte Forschung bzw. Verfahrensentwicklung auf, die am konkreten Rohstoff die Möglichkeiten für die Nutzung einer bestimmten Lagerstätte untersucht und die notwendigen Unterlagen für die Projektierung einer entsprechenden Betriebsanlage schafft. Unsere Akademie leistet auch in dieser Hinsicht einen Beitrag. Einige Beispiele sollen das belegen.

Der VIII. Parteitag hatte die Aufgabe gestellt, die Glas- und keramische Industrie bevorzugt zu entwickeln. Einer der wichtigsten Rohstoffe für diesen Industriezweig ist Quarz. Es ist gelungen, bekannte Lagerstätten zu erweitern, neue wurden aufgefunden. Die Qualität der neuen Vorräte ist aber im Mittel schlechter als die bisher abgebauten, weshalb eine intensivere Aufbereitung unvermeidlich ist.

Das Aufbereitungsverfahren muß auf den Charakter des Rohstoffes abgestimmt sein, um bestmögliche Ergebnisse zu erreichen. Für Quarzsande bedeutet das, daß das Verfahren der Körnung des Rohsandes und seinen Verunreinigungen, die zu entfernen sind, angepaßt werden muß. Typische Verunreinigungen von Quarzsanden sind Schlämme, kompakte Fremdminerale und Verwachsungen, wie sie in Abb. 4 schematisch dargestellt sind. An manchen Orten überwiegen die abschlämmbaren, die oberflächlichen und die feindispers im

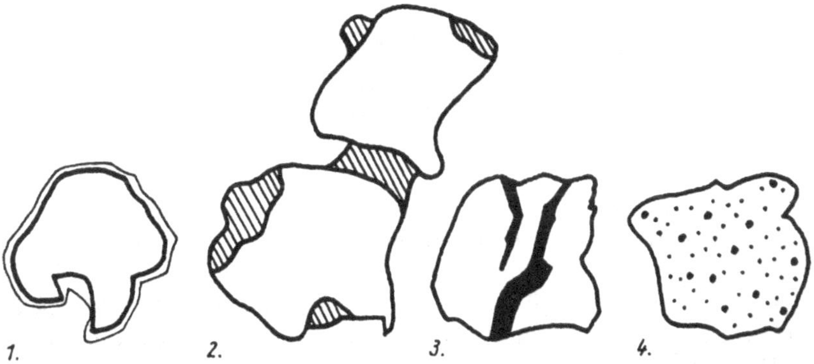


Abb. 4 Verwachsungen von Quarzkörnern mit anderen Mineralien (Korngröße um 0,2 mm)

Quarzkorn eingesprengten Fremdbestandteile, an anderen kommen in stärkerem Maße kompakte Fremdminerale, vor allem Eisensulfide und -oxide hinzu. Dementsprechend unterscheiden sich die erarbeiteten Verfahren. In einem Fall ist der Verfahrensgang gekennzeichnet durch das mechanische Abreiben der Eisenhydroxidfilme von den Quarzoberflächen und das Abtrennen der an Verunreinigungen reicheren feinsten und gröbsten Körnungen durch Klassierprozesse; für den anderen Rohstofftyp kommt die Flotation hinzu. Es ist dann die Erzeugung von Glassanden möglich, die nur noch $Fe_2O_3$-Verunreinigungen um 0,01% aufweisen [7].

Es hat in den letzten Jahren nicht an Bemühungen gefehlt, auch höchstwertige Glassandqualitäten aus den gegenwärtig abgebauten Lagerstätten zu gewinnen. Alle diese Versuche waren nicht voll befriedigend. Mit der geologischen Suche ist es nun gelungen, dafür besser geeignete Quarzrohstoffe in Form quarzreicher Kiese nachzuweisen. In nur etwa zwei Jahren haben das Zentralinstitut für anorganische Chemie und das Forschungsinstitut für Aufbereitung gemeinsam ein kombiniertes mechanisch-chemisches Aufbereitungsverfahren für sie entwickelt, nach dem höchstwertige Quarzsande gewonnen werden können. Entsprechende Eignungsprüfungen sind mit ihnen erfolgt und sind positiv. Das Verfahren (Abb. 5) beinhaltet im wesentlichen:

— Das Waschen und Klassieren des Rohkieses
— Die optische Sortierung
— Die schonende Mahlung der weißen Körner
— Die Entfernung eisenreicher Bestandteile durch Magnetscheidung
— Die Extraktion weiterer Verunreinigungen mit Salzsäure.

Neben Quarz ist für die Glasindustrie Feldspat als Rohstoff von ausschlaggebender Bedeutung. Hochwertiger Feldspat wird heute noch aus dem NSW importiert. Eigene Vorkommen sind aber vorhanden. Wir verfügen über zwei unterschiedliche Typen:

— Pegmatite, Granite u. ä. Gesteine
— Schwachverfestigte Feldspatsandgesteine.

Erstere haben den Vorteil hoher Feldspatgehalte und bieten die Möglichkeit, sie mit guter Produktivität im Tagebau zu gewinnen, was auch in ökonomischer Hinsicht sehr günstig ist. Sie sind deshalb Gegenstand der weiteren geologischen Suche. Zur unmittelbaren Nutzung steht noch keine Lagerstätte bereit, da noch kein Vorkommen mit genügend reinem Kalifeldspat nachgewiesen werden konnte. Der Gehalt an färbenden Verunreinigungen ist gewöhnlich

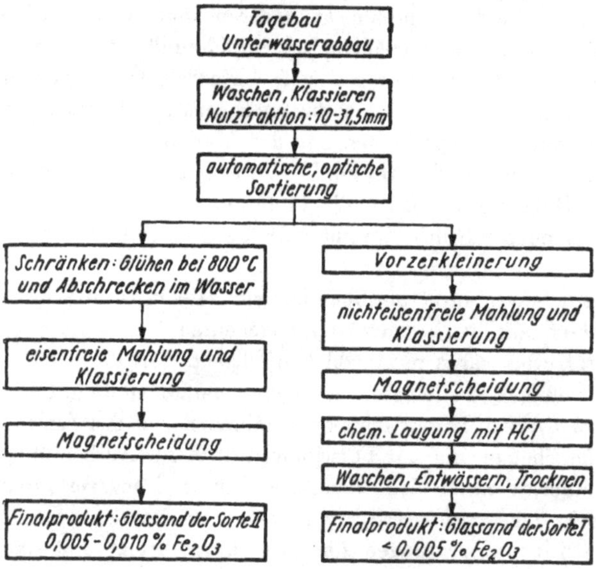


Abb. 5 Verfahrensschema für die Aufbereitung von Quarzkiesen

verhältnismäßig hoch, und der Feldspat enthält meist ziemlich viel Kalzium, was in der Keramik unerwünscht ist. Demgegenüber führen die Sandsteine weit überwiegend den gesuchten Orthoklas, sind aber mit ihren Feldspatgehalten um 30% verhältnismäßig arm an diesem Mineral. Sie sind dann interessant, wenn es gelingt, den Rohstoff komplex zu nutzen, also alle seine Bestandteile einer sinnvollen Verwendung zuzuführen. Da sie von der Qualität des Feldspates her die günstigeren Aussichten boten, waren in der Vergangenheit die Feldspatsande bevorzugt Gegenstand der verfahrenstechnischen Forschung. In ihrem Ergebnis wurde ein Verfahren entwickelt, wonach die Rohsande zu hochwertigen Produkten aufbereitet werden können [8]. Vor etwa Jahresfrist berichtete Akademiemitglied Schirmer in seinem Vortrag zu Problemen der Verfahrenstechnik vor dem Plenum der Akademie bereits darüber. Nachzutragen wäre lediglich noch ein besonderer Aspekt dieser verfahrenstechnischen Entwicklung, der für die Fortsetzung der technologischen Arbeiten charakteristisch war, es waren weitere Bemühungen um den Umweltschutz. Derartige Probleme mußten gelöst werden, und zwar einmal die Entfernung der Flotationsreagenzien aus den Aufbereitungsprodukten und Abwässern — dies galt besonders für Fluorionen und das Amin — und zum anderen die Abtrennung der feinsten Illitschlämme aus dem Rücklaufwasser und dem Abwasser. Letzteres bereitet besondere Schwierigkeiten durch die extreme Feinkörnigkeit, was zu riesigen Klärteichen führen würde, wenn man nur die natürliche Sedimentation in Betracht ziehen wollte. Derart große Flächen können aber im Saaletal dafür nicht freigegeben werden. So blieb nur noch die aufwendige Druckfiltration als einzige Möglichkeit zur Verhinderung der Umweltverschmutzung. Damit gelten etwa ein Drittel des insgesamt kalkulierten Investaufwandes Maßnahmen des Umweltschutzes.

Neben Feldspat und Quarz ist der dritte Hauptrohstoff für die Keramik- und die Glasindustrie Kaolin bzw. Ton. Von Natur aus ist die DDR mit solchen Lagerstätten im großen und ganzen recht gut ausgestattet. Die Produktion wird kontinuierlich erhöht, diesbezüglich bemerkenswert ist die im letzten Fünfjahrplan erfolgte Inbetriebnahme der neuen Großanlage Caminau. Die Forschung erstreckt sich von der Geologie über die bergmännische Gewinnung, die Aufbereitung bis hin zur keramischen Technologie. Aus der Vielzahl können nur einige Probleme angesprochen werden.

Für die bessere Nutzung des Kaolins kommt es vor allem darauf an, das Kaolinausbringen durch einen intensiveren Aufschluß und die Gewinnung des Feinstkornes zu erhöhen, die Qualität der geschlämmten Kaoline zu verbessern, die Entwässerungsprozesse zu intensivieren und sowohl im Interesse der Ökonomie wie des Umweltschutzes die Rückstände des Schlämmens einer sinnvollen Nutzung zuzuführen.

Die Aufbereitung von Ton muß wegen der geringen Teilchengröße der Tonminerale und der hohen Plastizität weltweit als ungelöst betrachtet werden. Deshalb erfolgt bisher nur der Abbau günstiger Lagerstättenteile und höchstens das Aushalten grober Verunreinigungen. Die Lagerstättensituation wird uns jedoch in absehbarer Zeit zwingen, intensive Aufbereitungsverfahren zu entwickeln. Hauptprobleme dabei sind der wassersparende Aufschluß und die Entwässerung dieser extrem feinkörnigen Rohstoffe. Besonders für letzteres gibt es noch keine voll befriedigende technische Lösung.

Ton und Kaolin werden zukünftig über die Keramik- und Feuerfestindustrie hinaus Bedeutung als Rohstoff für die Metallurgie, als Ausgangsmaterial für die Aluminiumerzeugung gewinnen. In der ganzen Welt haben wir steigenden Bedarf an Aluminium und Tonerde zu verzeichnen. Damit hält der Zuwachs der Lagerstättenvorräte an hochwertigem Bauxit in verkehrstechnisch und industriell erschlossenen Gebieten nicht Schritt. Deshalb beginnt man, sich mehr und mehr Gedanken zu machen über die Aufbereitung minderwertiger Bauxite. Die territoriale Situation erfordert schließlich, daß sich gewisse Länder auch auf nichtbauxitische Rohstoffe orientieren. Letztere Aufgabe steht auch bei uns, da wir nicht über nennenswerte Bauxitvorkommen verfügen und auf weite Sicht die Sicherung unseres Bedarfs durch Importe nicht gewährleistet ist.

In den letzten Jahren wurde eine große Arbeit im Forschungsinstitut für Nichteisenmetalle in Freiberg geleistet, um Möglichkeiten für die Tonerdegewinnung aus einheimischen Rohstoffen aufzuzeigen. In ihrem Ergebnis wuchs die Erkenntnis, daß unter den gegebenen Bedingungen der DDR die saure Extraktion aus Ton günstig sein würde. Die Forschungen wurden dementsprechend vorangetrieben. Heute können wir feststellen, daß die Verfahrensentwicklung für den Aufschluß mit Salzsäure oder Schwefelsäure bereits recht weit gediehen ist. Weitere Arbeiten sind aber notwendig im Hinblick auf die geologische Erkundung geeigneter Lagerstätten, ihren bergmännischen Aufschluß, die Aufbereitung der Rohstoffe und auch noch zu den metallurgischen Stufen, um die Projektierung und den Aufbau einer Versuchsanlage, die angesichts der Kompliziertheit und des Umfangs der Problematik unbedingt als Vorstufe einer Großanlage nötig erscheint, vorzubereiten.

Der zweite große Forschungskomplex nach Aluminium, der metallurgischen Rohstoffen gilt, beinhaltet die erweiterte und effektivere Nutzung unserer einheimischen Zinnerze. Für die Allgemeinheit sichtbarer erster Ausdruck dieser Bemühungen ist die neue Zinnhütte in Freiberg, über deren Inbetriebnahme Anfang Januar in der Presse berichtet wurde. Der Bogen reicht aber viel weiter. Wir haben uns in den letzten Jahren darauf besonnen, daß das Erzgebirge über Jahrhunderte große Metallmengen der Wirtschaft zugeführt hat und bei konzentrierter Forschung, Suche und Erkundung vielleicht auch heute noch mehr zu bieten hat, als die paar kleinen, seit Mitte der sechziger Jahre noch verbliebenen Buntmetallerzgruben und der Uranerzbergbau ausdrücken. Es ist auch nicht unwahrscheinlich, daß mit dem heute zweifellos höheren Stand von Wissenschaft und Technik tiefere, kompliziertere und ärmere Erzvorkommen interessant werden können als sie unseren Vorfahren zugänglich waren, obwohl gerade im sächsischen Bergbau schon frühzeitig ein hohes Niveau der Produktion zu verzeichnen war.

In den letzten Jahren wurden die geologische Forschung, Suche und Erkundung auf Zinnerze im Erzgebirge intensiviert. Es stand die Aufgabe, bekannte Bergbauräume unter Berücksichtigung des heutigen Standes von Wissenschaft und Technik neu einzuschätzen und neuartige Vorkommen zu suchen und zu prüfen. Erste Ergebnisse liegen vor. Wir können heute sagen, daß die Zinnerzlagerstätten des Erzgebirges eine wesentliche Produktionserweiterung gestatten. Parallel mit den Anstrengungen der Geologen bemühten sich die Bergleute, Aufbereiter und Metallurgen, effektive Verfahren für die komplizierten armen Erze, die nur 0,3% Zinn und weniger enthalten, zu entwickeln. Dabei galt es zuerst, das bis dahin vorherrschende disziplinäre Denken zu überwinden und allen Beteiligten als gemeinsame Aufgabenstellung die Gewinnung der maximal möglichen Metallmenge aus der Lagerstätte mit insgesamt minimiertem Aufwand nahezubringen. In der ersten Etappe konzentrierten sich die Bemühungen auf die Rekonstruktion der bereits produzierenden Anlagen, an erster Stelle Altenberg. Bergbauseitig war ein grundsätzlich neues hochproduktives Abbauverfahren für die Gewinnung der Festerze zu entwickeln. Das ist gelungen. Die untertägige Mann/Schicht-Leistung steigt dadurch auf etwa das Doppelte. Das Verfahren wird gegenwärtig eingeführt.

Für die Aufbereitung stand die Aufgabe, ein betriebssicheres Verfahren zu finden, das ein maximales Zinnausbringen aus dem Roherz und ein für die nachfolgenden metallurgischen Stufen günstig zusammengesetztes Konzentrat ermöglicht, wobei Belange des Umweltschutzes zusätzliche Akzente setzten. Für die Hütte wiederum mußten Verfahren gefunden werden, die die Verarbeitung ärmerer Konzentrate gestatten, um die Anreicherung bei der Aufbereitung nicht so weit treiben zu müssen, weil dann hohe Verluste unvermeidlich sind. Es ging also um die Optimierung der Gesamttechnologie vom Erz bis zum Metall. Wir können heute feststellen, daß diese Verfahrensentwicklung erfolgreich war.

Für die Aufbereitung wurde die Aufgabe dadurch gelöst, daß die Feinzerkleinerung besser gestaltet und die Dichtesortierung durch die Flotation als Hauptprozeß abgelöst wurde. In der zweiten Phase wurde besonders der Flotationsprozeß weiterentwickelt [9]. Die p-Toluol-Arsonsäure als Sammler wurde ersetzt durch die umweltfreundlichere Styrol-Phosphonsäure. Einen weiteren wesentlichen technologischen Fortschritt bedeutet die Einführung von Natriumsilikofluorid als Regler. Die Rekonstruktion und Erweiterung der Aufbereitungsanlage auf Grundlage der neuen Verfahrensprinzipien hat begonnen. Durch die Einführung von Teilergebnissen der Forschung konnte das Ausbringen bereits von durchschnittlich 42% auf rund 55% erhöht werden. Nach Abschluß der Rekonstruktion wird diese Kennziffer im Bereich zwischen 60 und 65% liegen. Die Konzentrate der Aufbereitung mit etwa 6% Zinngehalt werden in der neuen Zinnhütte nach dem Fuming-Verfahren nachangereichert. Die Reduktion zum Metall erfolgt dann in erdgasbeheizten Drehflammöfen.

In der zweiten Etappe der Forschung galt es, Möglichkeiten für die Aufbereitung und Verhüttung der im weiteren Verlauf der geologischen Suche und Erkundung nachgewiesenen und wirtschaftlichen interessanten neuen Zinnerzvorkommen zu finden. Auch diese Arbeiten waren erfolgreich. Es ist erstmalig in der Welt gelungen, komplexe Zinn-Skarnerze mit hohen Kennziffern aufzubereiten. Für die für diesen Erztyp ausgearbeitete Technologie ist weiter bemerkenswert, daß auch das Zink und der Magnetit aus den Erzen gewonnen werden können.

In ihren Grundzügen ausgearbeitet wurden schließlich auch Verfahren für die Aufbereitung von Greisenerzen des Vogtlandes und weiterer Vorkommen des Osterzgebirges. Bei letzteren ist bemerkenswert, daß sich Möglichkeiten bieten, neben dem Zinnstein noch eine Reihe weiterer Bestandteile des Erzes, so z. B. Lithiumglimmer, Feldspat, Wolframit, Kupferkies und Pyrit, in Form hochwertiger Produkte nutzbar zu machen und auch die Abgänge in größerem Umfang als Baurohstoffe zu verwerten. Eine solche komplexe Nutzung liegt sowohl im Interesse der Landeskultur als auch der Ökonomie [10].

Die stofforientierten Untersuchungen zur Aufbereitbarkeit im Rahmen der geologischen Erkundung werden ebenso wie die weitere Optimierung einzelner Verfahrensstufen und die Mitarbeit der Forschung bei der Überführung ihrer Ergebnisse auch zukünftig als Aufgaben stehen.

Weiterhin müssen in den nächsten Jahren die Bemühungen vor allem der Ermittlung der günstigsten Bedingungen für die Führung der Hauptprozesse der Aufbereitung bei Veränderung der Erzzusammensetzung als Grundlage für die Steuerung und Modellierung des Verfahrens zur Sicherung gleichbleibend hoher Erfolgskennziffern gelten.

Grundsätzlich neuartige Lösungen wären schließlich erforderlich, wenn man neben den bereits in Erkundung befindlichen neuen Kupfererzlagerstätten auch die Nutzung weiterer einheimischer Blei-Zink-Kupfer-Erze in Betracht ziehen wollte. Im Südteil der DDR treten an der Basis des Zechsteins verbreitet Blei-Zink-Mineralisationen auf. Diese sogenannte Blei-Zink-Fazies des Kupferschiefers weist eine mehr oder weniger durchgängige Verbreitung vom Werragebiet bis zur Volksrepublik Polen auf. Die Metallgehalte sind aber doch recht bescheiden, so daß unter Berücksichtigung der geringen Mächtigkeit und großen Teufe dieser Erzkörper trotz flächenmäßig erheblichen Ausdehnungen ihre Nutzung in absehbarer Zeit ausscheidet. Als Hauptproblem ergibt sich die außerordentlich schwierige und aufwendige bergmännische Gewinnung, die allein bereits das Metall mit weit über den Weltmarktpreisen liegenden Kosten belasten würde, so daß, berücksichtigt man noch den Aufwand für die Verarbeitung der Erze, auch im Prognosezeitraum ihre Gewinnung ökonomisch nicht vertretbar ist. In der Vergangenheit war hier und dort die Hoffnung gekeimt, diese Erze gegebenenfalls nach dem Prinzip der sogenannten bakteriellen Laugung in situ angreifen zu können. Es zeigte sich aber bald, daß diese Methode in ihrer gegenwärtigen Form in diesem konkreten Fall grundsätzlich nicht möglich ist. Die kalkreichen Gesteine und Bleiglanz und Zinkblende als Haupterzminerale würden eine Extraktion mit Säuren verbieten. Selbst wenn man annehmen wollte, daß in der Perspektive eines Tages andere Extraktionsmittel und Bakterienstämme dieses Hindernis beseitigen könnten, so würden aber noch die geologischen Bedingungen eine kaum überwindliche Barriere darstellen. Es sind die geringe Mächtigkeit des Erzlagers und die viel zu geringe Porosität des Erzes selbst sowie die große Durchlässigkeit der liegenden Gesteinsschichten, die der In-situ-Laugung im Wege stehen. Ihre Aussichten sind also gering. Trotzdem sollten wir die weltweite Entwicklung der bakteriellen Laugung weiter aufmerksam verfolgen, denn vom Chemismus her geeignete und klimatische robuste Extraktionssysteme wären für uns interessant zur Aufbereitung der Bergehalden im Mansfelder und Sangerhäuser Kupferschieferrevier. Der Aufschluß der untertägigen Blei-Zinklagerstätten dagegen würde neue Lösungen der Bergbautechnik erfordern, Methoden, die einen hochproduktiven Abbau geringmächtiger Lagerstätten möglichst in Abwesenheit von Menschen ermöglichen.

Nicht leicht fällt auch eine zeitbezogene Prognose hinsichtlich der Nutzung der Rohstoffe des Meeresbodens, der metallreichen Ablagerungen der Tiefsee. Da wären vor allem die sogenannten Eisen-Mangan-Knollen zu erwähnen. Sie wurden vor rund hundert Jahren erstmalig während der Challenger-Expedition aus dem Ozean geborgen und galten viele Jahre lang als rein wissenschaftliche Kuriosität. Als man jedoch das massierte Auftreten und die oft beträchtlichen Gehalte an Kupfer, Nickel und Kobalt erkannte, richtete sich das Augenmerk auf die Möglichkeit, sie als Rohstoffquelle auszubeuten. In den letzten zehn Jahren hat deshalb die Mangan-Knollen-Forschung eine erhebliche Intensivierung erfahren.

Mangan-Krusten überziehen in den tiefen Teilen der Ozeane vielerorts die anstehenden Felsen und Gerölle. Solche Knollen sind aber ebenso häufig auf der Sedimentoberfläche anzutreffen. Ihre Größe schwankt zwischen der eines Sandkornes und mehr als 20 cm im Durchmesser. Die chemische Zusammensetzung variiert in den verschiedenen Teilen des Ozeans in weiten Grenzen sowohl was das Mangan-Eisen-Verhältnis als auch die Spurenelementgehalte anbelangt. Im Pazifik sind in der Regel die Gehalte von Nickel und Kupfer wesentlich höher als im Atlantik und im Indischen Ozean. Um einen Eindruck zu vermitteln, seien einige Zahlen genannt, die TOOMS in seiner Arbeit „Rohstoffe aus dem Meer und ihre Gewinnungsmöglichkeiten" als Durchschnittsgehalte für den Pazifischen Ozean anführt: Mn 17,2%, Fe 11,8%, Ni 0,63%, Co 0,36%, Cu 0,36%, Mo 0,036%, also beachtenswerte Metallkonzentrationen.

Schon die Erkundung solcher Ablagerungen ist sicher nicht einfach. Ihr Abbau und ihre Förderung aber aus einer Tiefe von über 4000 Metern ist technisch noch längst nicht befriedigend gelöst. Hinsichtlich der Aufbereitung und chemisch-metallurgischen Verarbeitung dürfte das Schwergewicht eindeutig auf letzterer liegen, da die verschiedenen Metallverbindungen infolge ihrer innigen feindispersen Verteilung bzw. Verwachsung untereinander einer mechanischen Trennung kaum zugänglich sein dürften.

Ein anderes Problem ergibt sich auf politischem bzw. juristischem Gebiet. Es sind völkerrechtliche Fragen, Fragen nach dem Nutzungsrecht, nach den Eigentumsverhältnissen, nach dem Schutz der Anlagen usw., die eine Großproduktion im Niemandsland aufwirft. Es wird noch langer Arbeit und Auseinandersetzung in der UNO und ihren zuständigen Organen bedürfen, bis befriedigende Regelungen getroffen werden können. So ist anzunehmen, daß noch viele Jahre vergehen werden, bevor in großem Maßstab diese Rohstoffe ausgebeutet werden. Das bedeutet nicht, daß die Forschung auf diesem Gebiet zum gegenwärtigen Zeitpunkt unzweckmäßig wäre, im Gegenteil. Bei diesen komplizierten Problemen muß mit der Erarbeitung des wissenschaftlich-technischen Vorlaufs schon früh begonnen werden, um nutzbare Ergebnisse zum richtigen Zeitpunkt vorliegen zu haben. Insofern sind die schon heute beträchtlichen Anstrengungen der großen Industriestaaten nicht abwegig, und wir tun gut daran, die Entwicklung aufmerksam zu verfolgen.

Zusammenfassend kann man wohl feststellen: Wir verfügen über beachtliche Ressourcen an bestimmten mineralischen Rohstoffen, und diese sind durchaus noch erweiterungsfähig. Neben der für unsere Wirtschaft strukturbestimmenden Braunkohle haben wir eine gute Basis mit den Lagerstätten an Baurohstoffen, Kalisalzen, Ton und Kaolin, Quarz und Feldspat, Flußspat und Schwerspat, Kupfererzen und Zinnerzen. Es handelt sich aber überwiegend um kompliziert zusammengesetzte und dazu teilweise auch noch um recht arme Rohstoffe. Deshalb verlangt ihre erweiterte Nutzung zur Sicherung der Entwicklung unserer Volkswirtschaft nicht nur hohe ökonomische und technische Aufwendungen, sondern vor allem besondere Anstrengungen der Wissenschaft, um rationelle Verfahren für ihre Gewinnung und Verarbeitung und deren wissenschaftliche Fundierung zu realisieren. Und selbst in den Fällen, wo mangels eigener Lagerstätten auf eine Investbeteiligung in anderen sozialistischen Ländern orientiert werden muß, auf gemeinsame Maßnahmen im Rahmen des Komplexprogramms des RGW, muß unsere Wissenschaft ebenfalls ihren Beitrag leisten.

Ein Merkmal der Rohstofforschung ist die unbedingte Notwendigkeit interdisziplinären Herangehens an die Probleme. Die so außerordentlich komplizierten Fragen bedürfen des Zusammenwirkens vieler verschiedenartiger Fachgebiete, um zu optimalen Lösungen zu kommen. Das gilt sowohl hinsichtlich der Entwicklung von Verfahren, Apparaten und Anlagen und der ökonomischen Einordnung der Rohstoffwirtschaft in das Gesamtsystem der Volkswirtschaft als auch ganz besonders für die theoretische Fundierung der wichtigsten Prozesse.

### Literatur


[1] Bachmann, H., G. Rütger und A. Trillhose: Mineralische Rohstoffe in der Weltwirtschaft. Wirtschaft, Berlin (1975, Nov.) 23, Beilage Nr. 26.

[2] Florin, G.: Die rohstoffpolitische Diskussion auf Ebene der Vereinten Nationen und ihr Einfluß auf die internationale Rohstoffwirtschaft. Erzmetall, Stuttgart 28 (1975) H. 11, S. 530–534.

[3] Meallinformation Mansfeld, Eisleben 11 (1975) 12.

[4] Kirchberg, H., und E. Töpfer: The mineralization of air bubbles in flotation VII. International Mineral Processing Congress, Gordon und Breach Science Publishers, New York 1964, S. 157–168.

[5] Schulze, H. J.: Stability of the thin liquid films on hydrophobic quartz surfaces. Proc. Intern. Conference on Colloid and Surface Science, Vol. 1, Budapest 1975, S. 179.

[6] Schulze, H. J., und D. Espig: Die Abreißenergie von Teilchen aus der fluiden Phasengrenze. Coll. and Polymer. Sci., 254 Darmstadt (1975/76), im Druck.

[7] Schulz, G., H. Gruner und U. Kühne: Untersuchungen zur Gewinnung von höchstwertigen Glassanden aus einheimischen Rohstoffen. Silikattechnik 25 (1974) 2, S. 48–51.

[8] Uhlig, D., und G. Schulz: Möglichkeiten und Probleme der komplexen Nutzung von Lagerstätten, dargestellt am Beispiel eines Feldspatsandvorkommens. Ber. deutsch. Ges. geol. Wiss., A, Berlin 17 (1972) 5, S. 733–739.

[9] Wottgen, E., und E. Töpfer: Issledovanie reagentnogo režima flotacii kassiterita na osnove fosfornoorganičeskich sobiratelej. Cvetnye Metally, Moskau 1976 (im Druck).

[10] Töpfer, E., M. Erben und A. Grossmann: Probleme der Aufbereitung und Verarbeitung fester mineralischer Rohstoffe in der stoffwandelnden Industrie. Vortrag zum Mendelejew-Kongreß, Alma Ata, September 1975.

FSC
www.fsc.org
MIX
Papier | Fördert
gute Waldnutzung
FSC® C083411

Kolibri 360 GmbH
Ferdinand-Jühlke-Straße 7
99095 Erfurt, Deutschland
produktsicherheit@kolibri360.de